U0085728

Ingrédients à rajouter :
Cuisson :
À rajouter :
Cuisson :
À RAJOUTER :
CUISSON :
À rajouter :
Cuisson :
À rajouter :
Cuisson :

Ingrédients à rajouter :
Cuisson :
À rajouter:
Cuisson :
À RAJOUTER :
CUISSON :
À rajouter :
Cuisson :
À rajouter:
Cuisson :

mes desserts en kit

我的魔法甜點罐

只要1個魔法罐，就能快速變出甜點！

沒有時間做蛋糕？想不到該送什麼當禮物？
答案就是歐美最流行的－魔法甜點罐！

席琳·蒙納堤耶 CÉLINE MENNETRIER

PHOTOGRAPHIES MARIE-JOSÉ JARRY · STYLISME MOTOKO OKUNO

出版菊

SOMMAIRE

蛋糕 LES GÂTEAUX

美味的咖啡小點
LES MIGNARDISES ET LES CAFÉS GOURMANDS

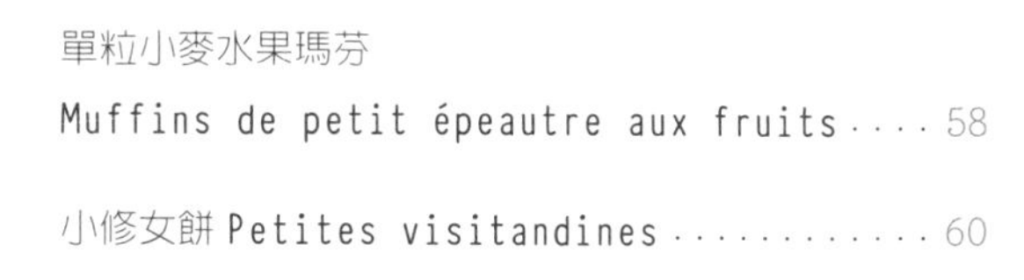

知名嘉賓食譜
LA RECETTE
DE L'INVITÉ PRESTIGE, 63

LE PRINCIPE DE BASE
基本原則

什麼是魔法甜點罐？

以乾燥食材（麵粉、糖、香料 ...）為基本，預先在家中準備好，並以廣口玻璃瓶（bocal）保存。如此製作甜點時，只需加入新鮮食材（如牛奶、蛋或奶油），用湯匙攪拌幾下、烹煮，就能用這樣的魔法小訣竅快速變出甜點！我們可為自己製作魔法甜點罐，也能做為餽贈的禮物。在漂亮的罐子裡，用自己特製的標籤裝飾，對愛好美食的人來說，這是最棒的手工禮物！

為何要製作魔法甜點罐？

除了能夠節省時間外，我們同時也能確認甜點裡加了什麼食材（精挑細選的優質食材），和完全不添加的（例如防腐劑）等化學添加物。也保證了甜點的美味。

TOUT POUR RÉUSSIR VOS KITS
魔法甜點罐成功的關鍵

如何準備魔法甜點罐？

請選擇您想製作的魔法甜點罐食譜。

列出預拌的食材並將它們擺在工作檯上。

依食譜的圖示拿出所需的罐子。

準備好料理秤、量匙和漏斗。

測量您的食材，並逐步倒入罐中（這時記得將食材依不同的顏色和質地分層堆疊，以形成漂亮的外觀），或倒入容器中，混合均勻後再倒入罐子裡。

在罐子上標示食譜名稱和製作日期（您在書的扉頁可找到標籤，剪下後用來標示您的魔法甜點罐）。

魔法甜點罐中包含哪些食材？

粉狀、片狀或完整顆粒狀的穀物：小麥、玉米、燕麥、裸麥（seigle）、單粒小麥（petit épeautre）、蕎麥（sarrasin）... 富含脂質和植物性蛋白的堅果和穀粒，如杏仁、榛果、罌粟籽（graine de pavot）或芝麻。各種果乾和糖，以及香料。

要去哪裡購買食材？

● 有機食品雜貨店

有機食品店提供一系列非常多元的產品，可用來製作健康美味的甜點。我們可以在那裡買到各種形式的穀物、果乾和堅果、蔗糖、香料 ... 這些袋裝食材經常也能以散裝形式取得，我們可以只購買想要的份量，因而減少購物的花費。當然也能尋找新鮮的食材，加進我們的魔法甜點罐中：戶外放養的雞蛋、當季水果、奶油 ...

● 有機穀物

有機栽培的全穀物（céréales complètes）和半全穀物（céréales semi-complètes）不含肥料和農藥，而且比精製穀物含有更豐富的礦物質、維生素、纖維質和澱粉。對我們的健康有更多的益處，它們美味，每一種殼物都有自己的味道、香氣和獨特的風味。因此最好選擇帶有部分麩皮製成的麵粉（T65）或全麥（T80）麵粉，咀嚼單粒小麥並探索粗粒玉米粉（semoule de maïs）之美！

● 料理小幫手

洋菜（agar-agar）經常為粉末形式包裝的黏合劑和凝固劑。從日本極受歡迎的紅藻（algue rouge）中取得，這種凝膠劑必須經過加熱才能凝固。放涼時，就會開始凝固。洋菜很適合用來製作無蛋的奶酪（crème）或法式布丁塔（flan）。穀粉（crème de céréales）（米粉 crème de riz、燕麥粉 crème d'avoine...）是預先蒸熟的穀物粉末，經過幾分鐘的烹煮就能讓濃湯和甜點布丁變得濃稠。最後，玉米澱粉（fécules de maïs）和馬鈴薯澱粉（fécules de pommes de terre），以及葛粉（arrow-root）（一種熱帶植物：葛屬植物根的萃取澱粉），讓麵糊變得較清爽，而且同樣作為稠化劑使用。

魔法甜點罐可以保存多久的時間？

預先準備的食材是乾燥、脫水，且不容易變質的。它們沒有 DLC（食用期限），但有 DLUO（最佳賞味期），超過這個期限，食材可能會喪失全部或部分特質（味道、風味、氣味 ...），但在食用上並不因此而有危險。無論如何，請勿保存您的魔法甜點罐超過三個月，以保留最佳的營養和美味價值。

注意事項有哪些？

混合 DLUO（最佳賞味期）差不多的材料。在衛生的環境下進行加工：潔淨的工作檯和器具。將您的魔法甜點罐保存在不受光照的乾燥處。

何種容器最適合做為魔法甜點罐？

廣口玻璃瓶是最理想的魔法甜點罐。它們很環保、實用，而且漂亮。您也能使用紙袋製作魔法甜點袋。現在市面上也有各式各樣有趣的商品。牛皮紙（kraft）、白紙或彩色紙、透明紙、食品塑料紙（papier plastifié）、防水布 ... 依預拌的材料和份量而定，可選擇立體袋（sac à soufflet）、站立袋（sachet Doypack®）、密封袋（sachet refermable），甚至是可以看到內容物的開窗袋（sachet avec fenêtre transparente）。金屬盒製作的魔法甜點盒當然也相當實用。

罐子 140毫升	罐子 324毫升	廣口玻璃瓶 500毫升	廣口玻璃瓶 750毫升
如：大的優格罐	如：果醬罐	如：法國 Le Parfait 品牌收納罐	如：Le Parfait 收納罐或1公斤的蜂蜜罐

● 漂亮擺設魔法甜點罐不費力！

經過食材的分層堆疊，罐子很快就會看起來可口誘人。用紙張或布料（8至10公分，比罐蓋直徑略大的圓。）將蓋子蓋起。牛皮紙、紗紙或烤盤紙、漂亮的布料、舊呢絨、麻布、亞麻或平紋織布 ... 用獨特的繫帶（麻繩、拉菲草 raphia 或棉繩、緞帶、飾帶或花邊 ...）加以固定，並貼上精美的標籤，例如裁切下卡紙做為標籤。

● 美味小禮！

魔法甜點罐是非常美麗的禮物！它們是如此賞心悅目及可口，若不善加利用並和朋友們共享就太可惜了 ... 這時請記得加上使用說明，抄寫在略厚的紙張上再對摺。

ÉQUIVALENCES & MESURES 等量與測量表

1大匙 =
15克的糖、麵粉、奶油
12克的法式酸奶油、油
30毫升的液體
3小匙

1小匙 =
5克的鹽、油、糖、麵粉
7克的奶油
5毫升的液體

1塊榛果大小的奶油 = 4克
1撮鹽 = 3至5克
1塊糖 = 5克

烤箱溫度
熱度3 = 90°C
熱度4 = 120°C
熱度5 = 150°C
熱度6 = 180°C
熱度7 = 210°C
熱度8 = 240°C

LES USTENSILES DE BASE
基本用具

1. 用來保存備料的魔法甜點罐。

2. 量杯1個。

3. 磅蛋糕模（moule à cake）、圓形蛋糕模（moule à manqué）、塔模和（moule à tarte）瑪芬模（moule à muffins）。

4. 料理秤1個。

5. 用來烹煮奶酪（crème）、法式布丁塔（flan）和布丁（pudding）的平底深鍋。

6. 用來裝甜點的小烤皿、紙模數個，和高腳深盤1個（未在照片中）。

7. 帶有小傾倒嘴的傳統漏斗和果醬漏斗（entonnoir à confiture），用來將材料裝入廣口的魔法甜點罐中。

8. 用來量測泡打粉、香料等的小匙和大匙。請毫不猶豫地到商店購買整套的量匙。

LE GRAND CLASSIQUE, PAS À PAS :
按步驟進行的經典食譜

CRÈME TOUTE SIMPLE À LA VANILLE
極簡法式香草奶酪

Moyenne 簡單 | Faible 低預算 | 140 ml 140毫升 | Express 快速 | Sans gluten 無麩質

4人份
製作魔法甜點罐：2分鐘
魔法甜點罐保存：3個月
製作甜點
品嚐當天：1分鐘
烹煮：7分鐘
冷藏：2小時

LE KIT 魔法甜點罐

黃砂糖（二砂）：50克
玉米澱粉（Fécule de maïs）：10克
洋菜粉（Agar-agar）：1/2小匙
香草粉（Vanille en poudre）*：1/2小匙

*香草粉（vanille en poudre）是將香草莢乾燥後磨成細粉。

LES INGRÉDIENTS À AJOUTER 添加食材

牛奶或植物奶（lait végétal）：500毫升

Sirop de cerise
櫻桃糖漿飲

1 提前製作魔法甜點罐

用漏斗在廣口玻璃瓶中分層倒入所有魔法甜點罐的材料，加以密封。但若想要使香氣更加濃郁，請毫不猶豫地將材料先倒入容器中充分攪拌均勻，接著再倒入魔法甜點罐內，加以密封。貼上標籤，並標出配方名稱，以及製作日期。

2 品嚐當天的混合與烹調

將魔法甜點罐的材料倒入平底深鍋中。加入牛奶，並用打蛋器（fouet）攪拌。煮沸，持續以中火煮2分鐘，不停攪拌。

3 擺盤

將煮好的法式香草奶酪倒入4個小烤皿中。放涼至室溫，接著冷藏至少2小時。

變換風味！

若想變換口味，可用即溶咖啡（2小匙），或製作香料麵包（pain d'épice）用的綜合香料粉來取代香草粉。

CRÈME CATALANE

加泰隆尼亞布丁

 Moyenne 簡單
 Faible 低預算
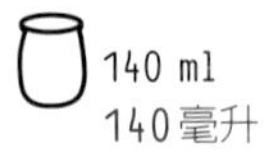 140 ml 140毫升
 Express 快速
Sans gluten 無麩質

4人份
製作魔法甜點罐：2分鐘
魔法甜點罐保存：3個月
製作甜點
品嚐當天：5分鐘
烹煮：15分鐘

LE KIT 魔法甜點罐

黃砂糖（二砂）：75克
玉米澱粉：25克
黃檸檬皮屑（Écorce de citron en poudre）*：1/2小匙
肉桂粉：1/2小匙
綠茴香粉（Anis vert en poudre）：1/4小匙

* 黃檸檬皮屑乾燥後裝罐銷售，也可參考16頁自製。

LES INGRÉDIENTS À AJOUTER 添加食材

牛奶：500毫升
蛋：1顆＋蛋黃2個

Muscat de Rivesaltes
里韋薩爾特麝香葡萄酒

1 提前製作魔法甜點罐

用漏斗在廣口玻璃瓶中分層倒入所有魔法甜點罐的材料，加以密封。但若想要使香氣更加濃郁，請毫不猶豫地將材料先倒入容器中充分攪拌均勻，接著再倒入魔法甜點罐內，加以密封。貼上標籤，並標出配方名稱，以及製作日期。

2 品嚐當天的混合

在深缽盆（saladier）中倒入魔法甜點罐的材料。加蛋，並攪打至混合物泛白。

3 烹調

在平底深鍋中將牛奶煮沸。一邊攪打，一邊將煮沸的牛奶倒入蛋糊中。將所有材料倒回平底深鍋中，以小火燉煮蛋奶醬，經常以木匙（cuillère en bois）攪拌，直到蛋奶醬變得濃稠。

4 擺盤

將加泰隆尼亞布丁分裝至4個小烤盅，放涼至享用的時刻。

如何處理多出來的蛋白？
使用本食譜中未用到的蛋白來製作小修女餅（visitandine）（見60頁的食譜）。

PETITS FLANS COCO
椰香小奶酪

Moyenne
簡單

Faible
低預算

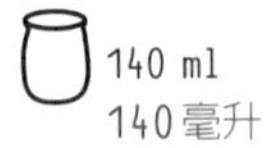
140 ml
140毫升

Express
快速

Sans gluten
無麩質

4人份
製作魔法甜點罐：2分鐘
魔法甜點罐保存：1個月
製作甜點
品嚐當天：1分鐘
烹煮：6分鐘
冷藏：2小時

LE KIT **魔法甜點罐**

黃砂糖（二砂）：3大匙
椰子粉（Noix de coco râpée）：3大匙
洋菜粉：3/4小匙

LES INGRÉDIENTS
À AJOUTER **添加食材**

牛奶或植物奶（lait végétal）：500毫升

Nectar de myrtilles savages
Alain Milliat
野生藍莓蜂蜜水

1 **提前製作魔法甜點罐**
用漏斗在廣口玻璃瓶中分層倒入所有魔法甜點罐，加以密封。但若想要使香氣更加濃郁，請毫不猶豫地將材料先倒入容器中充分攪拌均勻，接著再倒入魔法甜點罐內，加以密封。貼上標籤，並標出配方名稱，以及製作日期。

2 **品嚐當天的混合與烹調**
將魔法甜點罐材料倒入平底深鍋中。加入牛奶，並用打蛋器攪拌。煮沸，持續以中火煮1分鐘，不停攪拌。

3 **擺盤**
將椰香奶酪倒入4個小烤皿中。放涼至室溫，接著冷藏至少2小時。

老饕怎麼吃？
可搭配紅果庫利（coulis de fruits rouges）來享用這些椰香小奶酪：用電動果汁機攪打200克的紅色水果和2大匙的糖粉。亦可用漏斗型網篩（chinois étamine）過濾，以去除水果籽。

flans coco

PETITS POTS DE CRÈME CACAO

迷你可可奶酪

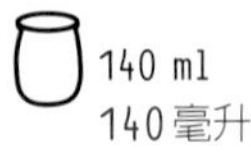

Sans gluten
無麩質

4人份
製作魔法甜點罐：2分鐘
魔法甜點罐保存：3個月
製作甜點
品嚐當天：1分鐘
烹煮：5分鐘
冷藏：2小時

LE KIT **魔法甜點罐**

黃砂糖（二砂）：36克
玉米澱粉：20克
無糖可可粉（Cacao en poudre non sucré）：16克

LES INGRÉDIENTS À AJOUTER **添加食材**

牛奶或植物奶：500毫升

Sirop de cerise
櫻桃糖漿飲

1 **提前製作魔法甜點罐**
用漏斗在廣口玻璃瓶中分層倒入所有魔法甜點罐，加以密封。但若想要使香氣更加濃郁，請毫不猶豫地將材料先倒入容器中充分攪拌均勻，接著再倒入魔法甜點罐內，加以密封。貼上標籤，並標出配方名稱，以及製作日期。

2 **品嚐當天的混合與烹調**
將預拌備料倒入平底深鍋中。用打蛋器混入牛奶。煮沸，邊煮邊經常攪拌：會變成濃稠的奶酪狀。

3 **擺盤**
將可可奶酪倒入1個高腳深盤或4個小烤皿中。放涼至室溫，接著冷藏至少2小時。

實用建議
為避免奶酪的表面結皮，可以保鮮膜緊貼在表面的方式包覆，或是在冷卻時經常攪拌。

BLANC-MANGER À L'AMANDE

杏仁酪

 Facile 簡單

 Faible 低預算

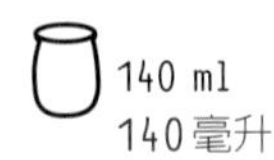 140 ml 140毫升

 Végétalien 素食

Sans gluten 無麩質

4人份
製作魔法甜點罐：2分鐘
魔法甜點罐保存：3個月
製作甜點
品嚐當天：8分鐘
烹煮：5分鐘
冷藏：2小時

LE KIT **魔法甜點罐**

黃砂糖（二砂）：60克
米粉（Crème de riz）：30克
肉桂粉：1/4小匙
香草粉：1/4小匙
黃檸檬皮屑（Écorce de citron en poudre）：1/2小匙

LES INGRÉDIENTS À AJOUTER **添加食材**

杏仁乳（Lait d'amande）：600毫升

Gewurztraminer d'Alsace
阿爾薩斯格烏茲塔明那葡萄酒

1 提前製作魔法甜點罐

用漏斗在廣口玻璃瓶中分層倒入所有魔法甜點罐材料，加以密封。但若想要使香氣更加濃郁，請毫不猶豫地將材料先倒入容器中充分攪拌均勻，接著再倒入魔法甜點罐內，加以密封。貼上標籤，並標出配方名稱，以及製作日期。

2 品嚐當天的混合與烹調

將魔法甜點罐材料倒入平底深鍋中。加入杏仁乳，並用打蛋器攪拌。煮沸，繼續煮3分鐘，經常攪拌：杏仁酪會變得濃稠。

3 擺盤

將杏仁酪分裝至4個玻璃杯（verrine）中。放涼至室溫，接著冷藏至少2小時。

自製檸檬皮屑

清洗有機（或未經加工的）黃檸檬並晾乾。用細孔的刨刀（râpe à micro-lames）將檸檬的果皮刨下成碎屑。放入盤中並置於室溫的乾燥處風乾48小時。乾燥後，將檸檬果皮粉保存在不受光照的小罐中。

Blanc-manger à l'amande

FLAN PÂTISSIER AU MILLET
小米卡士達布丁塔

Moyenne 簡單　Faible 低預算　 500 ml 500毫升　Grande tablée 多人享用　Sans gluten 無麩質

8人份
製作魔法甜點罐：2分鐘
魔法甜點罐保存：2個月
製作甜點
品嚐當天：12分鐘
烹煮：40至45分鐘

LE KIT 魔法甜點罐

黃砂糖（二砂）：180克
玉米澱粉（Fécule de maïs）：75克
栗（小米）粉（Farine de millet）：45克
香草粉（Vanille en poudre）：1/2小匙

LES INGRÉDIENTS À AJOUTER 添加食材

牛奶或植物奶：750毫升
蛋：3顆
奶油：適量（模型用）

Verveine
檸檬草茶

1 提前製作魔法甜點罐
用漏斗在廣口玻璃瓶中分層倒入所有魔法甜點罐的材料，加以密封。貼上標籤，並標出配方名稱，以及製作日期。

2 品嚐當天的混合
在深缽盆中倒入魔法甜點罐的材料。加蛋，並攪打至混料均勻。

3 烹調
將烤箱預熱至180℃（熱度6）。在平底深鍋中，將牛奶煮至微滾。將熱牛奶緩緩倒入蛋的混料中，加以攪拌，接著將所有材料倒回平底深鍋中。以中火加熱，經常攪拌，直到混合的布丁液變得濃稠。裝入直徑25公分並事先塗上奶油的圓形蛋糕模（moule à manqué）中，烘烤35分鐘。

4 擺盤
放涼後，在室溫下品嚐布丁塔。

讓布丁塔的美味再升級
在將混合的布丁液煮至稠化時，可混入1大匙的橙花水（eau de fleur d'oranger）或蘭姆酒（rhum）。亦可考慮加入葡萄乾，或切成小塊的阿讓黑棗（purneaux d'Agen）如右方成品照片。

CLAFOUTIS AUX FRUITS DE SAISON

當季水果克拉芙緹

Moyenne
簡單

Faible
低預算

500 ml
500毫升

Grande tablée
多人享用

8人份

製作魔法甜點罐：2分鐘

魔法甜點罐保存：3個月

製作甜點

品嚐當天：15分鐘

烹煮：45分鐘

LE KIT 魔法甜點罐

黃砂糖（二砂）：150克

中筋麵粉：150克

香草粉、肉桂粉、小荳蔻粉（cardamome en poudre）...：約1小匙

LES INGRÉDIENTS À AJOUTER 添加食材

牛奶：500毫升

蛋：3顆

當季水果：500克

奶油：適量（模型用）

Viognier
維歐尼耶葡萄酒

1 提前製作魔法甜點罐

用漏斗在廣口玻璃瓶中分層倒入所有魔法甜點罐材料，加以密封。貼上標籤，並標出配方名稱，以及製作日期。

2 品嚐當天的準備

清洗水果並切成小塊。

3 混合

在深缽盆中倒入魔法甜點罐材料，並混入蛋。用木匙用力攪打麵糊，同時緩緩倒入牛奶混合。

4 擺盤

將烤箱預熱至180°C（熱度6）。將切塊水果鋪在28×22公分事先塗上奶油的焗烤盤（moule à gratin）中。倒入蛋和牛奶等混合好的3，烘烤45分鐘。依個人喜好，在微溫或放涼時品嚐克拉芙緹。

水果與各種粉類的混搭！

當然可以選用蘋果，單獨使用或和果乾混合都很棒！夏季水果（櫻桃、杏桃、桃子）的組合也令人驚豔，可做出汁多味美的克拉芙緹。在這道克拉芙緹的麵糊中也很適合混用不同的麵粉：單粒小麥粉（petit épeautre）、二粒小麥（épeautre）、小麥和燕麥（avoine）、或小麥和大麥（orge）的粉類混合使用 ...

RIZ AU LAIT AUX CANNEBERGES, À L'AMANDE ET À LA CARDAMOME

杏仁蔓越莓小荳蔻米布丁

Moyenne
簡單

Faible
低預算

500 ml
500毫升

Sans gluten
無麩質

6人份
製作魔法甜點罐：2分鐘
魔法甜點罐保存：1個月
製作甜點
品嚐當天：5分鐘
烹煮：35分鐘

LE KIT **魔法甜點罐**

圓米（Riz rond）：150克
黃砂糖（二砂）：80克
蔓越莓（Canneberge）：50克
杏仁片（Amande effilée）：50克
小荳蔻粉：1/2小匙

LES INGRÉDIENTS
À AJOUTER **添加食材**

牛奶或植物奶：1公升

Coteaux-du-layon
萊昂丘葡萄酒

1 提前製作魔法甜點罐
用漏斗在廣口玻璃瓶中分層倒入所有魔法甜點罐材料，加以密封。貼上標籤，並標出配方名稱，以及製作日期。

2 品嚐當天的混合與烹調
在平底深鍋中將牛奶煮沸。倒入魔法甜點罐材料並加以攪拌。再度煮沸，接著加蓋，以小火煮約30分鐘，不時攪拌。米粒必須煮至軟爛，否則就再煮幾分鐘。

3 擺盤
將米布丁倒入一個高腳盤或6個小烤皿中。在微溫或放涼時品嚐。

東方風味版
用葡萄乾取代蔓越莓，用1小匙的肉桂取代小荳蔻，並加入1大匙的橙花水。

Riz au lait

RIZ AU LAIT COCO-CANNELLE
椰香肉桂米布丁

Facile
簡單

Faible
低預算

500 ml
500毫升

Sans gluten
無麩質

6人份
製作魔法甜點罐：2分鐘
魔法甜點罐保存：2個月
製作甜點
品嚐當天：5分鐘
烹煮：35分鐘

LE KIT 魔法甜點罐
圓米：150克
黃砂糖（二砂）：100克
椰子粉：30克
肉桂粉：1小匙

LES INGRÉDIENTS À AJOUTER 添加食材
椰漿：1罐（400毫升）
牛奶：500毫升

Bière ambrée
琥珀啤酒

1 提前製作魔法甜點罐
用漏斗在廣口玻璃瓶中分層倒入所有魔法甜點罐材料，加以密封。但若想要使香氣更加濃郁，請毫不猶豫地將材料先倒入容器中充分攪拌均勻。接著再倒入魔法甜點罐內，加以密封。貼上標籤，並標出配方名稱，以及製作日期。

2 品嚐當天的混合與烹調
在平底深鍋中，將牛奶和一半的椰漿煮沸。倒入魔法甜點罐材料並加以攪拌。再度煮沸，接著加蓋，以小火煮約30分鐘，不時攪拌。米粒必須煮至軟爛，否則就再煮幾分鐘。這時加入剩餘的椰漿並加以攪拌。

3 擺盤
將米布丁倒入一個高腳盤或6個小烤皿中。在微溫或放涼時品嚐。

美味再升級
請搭配櫻桃庫利！在平底深鍋中倒入300克的去核櫻桃（新鮮或冷凍）、50克的糖粉和2大匙的水，接著保持小滾沸狀態約10分鐘。稍微放涼倒入果汁機，攪打至形成滑順的庫利，然後再淋在米布丁上。

PUDDING AU CHOCOLAT NOIR
黑巧克力布丁

Facile
簡單

Faible
低預算

324 ml
324毫升

4人份
製作魔法甜點罐：2分鐘
魔法甜點罐保存：2個月
製作甜點
品嚐當天：5分鐘
烹煮：15分鐘

LE KIT 魔法甜點罐

杜蘭小麥細粒麵粉（Semoule fine de blé dur）：35克
黃砂糖（二砂）：35克
西谷米（Tapioca）：15克
黑巧克力豆（Pépites de chocolat noir）：85克

LES INGRÉDIENTS À AJOUTER 添加食材

牛奶或植物奶：500毫升

Rivesaltes grenat,
jus multifruits rouges
成人搭配石榴紅里韋薩爾特葡萄酒
小朋友搭配綜合紅果汁

1 提前製作魔法甜點罐
用漏斗在廣口玻璃瓶中分層倒入所有魔法甜點罐材料，加以密封。貼上標籤，並標出配方名稱，以及製作日期。

2 品嚐當天的混合與烹調
在平底深鍋中將牛奶煮沸。倒入預拌備料並加以攪拌。以小火煮12分鐘，不時以打蛋器攪拌。

3 擺盤
將巧克力布丁分裝至4個小烤皿中。在微溫或放涼時品嚐。

製作無麩質布丁
以即食（亦稱為「預煮」或「快速」）的粗粒玉米粉（polenta fine）取代杜蘭小麥粉。

POLENTA AUX RAISINS
葡萄乾玉米粥

Moyenne
簡單

Faible
低預算

140 ml
140毫升

Express
快速

Sans gluten
無麩質

4人份
製作魔法甜點罐：2分鐘
魔法甜點罐保存：2個月
製作甜點
品嚐當天：1分鐘
烹煮：8分鐘

LE KIT **魔法甜點罐**

黃砂糖（二砂）：50克
即食粗粒玉米粉（Polenta instantanée）：50克
葡萄乾：25克

LES INGRÉDIENTS À AJOUTER **添加食材**

牛奶：500毫升

Clairette de Die
克萊雷特氣泡酒

1 **提前製作魔法甜點罐**
用漏斗在廣口玻璃瓶中分層倒入所有魔法甜點罐材料，加以密封。貼上標籤，並標出配方名稱，以及製作日期。

2 **品嚐當天的混合與烹調**
在平底深鍋中將牛奶煮沸。倒入魔法甜點罐材料。用力攪打，以小火煮3分鐘，不停攪拌。

3 **擺盤**
將葡萄乾玉米粥分裝至一個高腳盤或4個小烤皿中。放涼至室溫後再品嚐。

小訣竅
葡萄乾很容易沉澱在底部。為了解決這個問題，請在玉米粥放涼時經常攪拌。

Polenta aux Rais

VERRINES DE TAPIOCA AU JUS DE POMME

蘋果西米露杯

Facile
簡單

Faible
低預算

140 ml
140毫升

Végétalien
快速

Sans gluten
無麩質

4人份
製作魔法甜點罐：2分鐘
魔法甜點罐保存：3個月
製作甜點
品嚐當天：1分鐘
烹煮：15分鐘

LE KIT 魔法甜點罐

西谷米（Tapioca）：40克
黃砂糖（二砂）：30克
薑粉： 1/4小匙

LES INGRÉDIENTS À AJOUTER 添加食材

蘋果汁：500毫升

Thé vert au gingembre
薑味綠茶

1 提前製作魔法甜點罐

用漏斗在廣口玻璃瓶中分層倒入所有魔法甜點罐材料，加以密封。但若想要使香氣更加濃郁，請毫不猶豫地將材料先倒入容器中充分攪拌均勻。接著再倒入魔法甜點罐內，加以密封。貼上標籤，並標出配方名稱，以及製作日期。

2 品嚐當天的混合與烹調

將魔法甜點罐材料倒入平底深鍋中。加入蘋果汁煮沸，一邊持續攪拌，繼續保持小滾沸狀約10分鐘，持續攪拌：煮至半透明時就表示西谷米煮熟了。

3 擺盤

將蘋果西米露分裝至4個玻璃杯，或8個迷你玻璃杯中。趁熱或在冰涼時品嚐。

西谷米（Tapioca）特寫
西谷米是一種從木薯（manioc）根萃取的澱粉所製成。在料理上會用來為湯品和甜點增稠。它的質地柔軟、易入口，而且略呈凝膠狀。

CRUMBLE DE FLOCONS D'AVOINE AUX POIRES

洋梨燕麥酥頂

Facile
簡單

Faible
低預算

500 ml
500毫升

Grande tablée
多人享用

8人份
製作魔法甜點罐：2分鐘
魔法甜點罐保存：2個月
製作甜點
品嚐當天：15分鐘
烹煮：30分鐘

LE KIT 魔法甜點罐

中筋麵粉：100克
黃砂糖（二砂）：100克
燕麥片（Flocons d'avoine）：100克
肉桂粉：1/2小匙
鹽：1撮

LES INGRÉDIENTS À AJOUTER 添加食材

奶油：100克＋適量（模型用）
西洋梨：800克

Poiré
洋梨酒

1 **提前製作魔法甜點罐**
用漏斗在廣口玻璃瓶中分層倒入所有魔法甜點罐材料，加以密封。貼上標籤，並標出配方名稱，以及製作日期。

2 **品嚐當天的準備**
將洋梨削皮並切成小塊。鋪在28×22公分先塗上奶油的長方形焗烤盤中。

3 **組裝**
在深缽盆中倒入魔法甜點罐材料。加入切成小塊的100克冷奶油，用指尖摩擦。將麵粉、燕麥片等材料和奶油充分摩擦成小顆粒的砂礫狀。將形成的粉油顆粒（crumble）撒在洋梨上。

4 **烹調與擺盤**
將烤箱預熱至180℃（熱度6）。烤30分鐘。在微溫或放涼時品嚐。

美麗的魔法甜點罐
在裝有金屬扣和密封橡膠圈（rondelle en caoutchouc）的廣口玻璃瓶中，鋪上分層的麵粉、糖和燕麥片。用1公尺長的天然拉菲草（raphia）纏繞瓶蓋，營造鄉村的氣息。將裁下的卡紙標籤固定在拉菲草上，接著用您最漂亮的字體抄寫使用說明 ...

CRUMBLE DE FRUITS À COQUE AUX NECTARINES ET AUX FRAMBOISES

油桃覆盆子堅果酥頂

Facile
簡單

Faible
中等預算

500 ml
500毫升

Grande tablée
多人享用

8人份
製作魔法甜點罐：5分鐘
魔法甜點罐保存：1個月
製作甜點
品嚐當天：15分鐘
烹煮：30分鐘

LE KIT 魔法甜點罐

杏仁、榛果、開心果 ...：80克
黃砂糖（二砂）：100克
中筋麵粉：120克
肉桂粉：1/2小匙
鹽：1撮

LES INGRÉDIENTS À AJOUTER 添加食材

奶油：100克＋適量（模型用）
油桃（Nectarine）：6顆
覆盆子（Framboise）：250克

Muscat de Rivesaltes
里韋薩爾特麝香葡萄酒

1 提前製作魔法甜點罐
用食物調理機（hachoir électrique）將杏仁、榛果、開心果等打成粗粒狀。用漏斗在廣口玻璃瓶中分層倒入所有魔法甜點罐材料，加以密封。但若想要使香氣更加濃郁，請毫不猶豫地將材料先倒入容器中充分攪拌均勻。接著再倒入魔法甜點罐內，加以密封。貼上標籤，並標出配方名稱，以及製作日期。

2 品嚐當天的準備
清洗油桃，並切成邊長1公分的小方塊。和覆盆子一起鋪在直徑22公分並事先塗上奶油的圓形蛋糕模中。

3 組裝
在深缽盆中倒入魔法甜點罐材料。加入切成小塊的100克冷奶油，用指尖摩擦。將麵粉、堅果粒等材料和奶油充分摩擦成小顆粒的砂礫狀。將形成的粉油顆粒（crumble）撒在水果上。

4 烹調與擺盤
將烤箱預熱至180°C（熱度6）。烤30分鐘。在微溫或放涼時品嚐。

若要製作更芳香的酥派
可在酥頂材料混合時加入2小匙的綠茴香粉。

TARTE AUX POMMES

蘋果塔

Facile
簡單

Faible
中等預算

500 ml
500毫升

Grande tablée
多人享用

8人份
製作魔法甜點罐：2分鐘
魔法甜點罐保存：2個月
製作甜點
品嚐當天：15分鐘
烹煮：40分鐘

LE KIT 魔法甜點罐

全麥麵粉：150克
蕎麥粉（Farine de sarrasin）或其他種類麵粉（裸麥、燕麥、二粒小麥...）：50克
鹽：1/2小匙

LES INGRÉDIENTS À AJOUTER 添加食材

蘋果：400克
糖煮蘋果（Compote de pommes）：150克
液體油（沒有特殊氣味的）：4大匙
麵粉：適量（工作檯用）

Cidre
蘋果酒

1 提前製作魔法甜點罐
在廣口玻璃瓶中分層倒入所有魔法甜點罐材料，加以密封。貼上標籤，並標出配方名稱，以及製作日期。

2 品嚐當天的準備
將蘋果削皮、去籽並切成薄片。

3 組裝
在深缽盆中倒入魔法甜點罐材料，加入液體油並攪拌。逐漸混入50至100毫升的水（材料表以外），揉捏至形成不黏的麵團。在工作檯上撒上麵粉，用擀麵棍將麵團擀平，然後鋪在直徑26公分的塔模底部。鋪上糖煮蘋果，接著均勻地擺上蘋果片。

4 烹調與擺盤
將烤箱預熱至180℃（熱度6）。烤40分鐘。在微溫或放涼時品嚐。

沒有糖煮蘋果？
製作布丁塔（flan）液，混合1顆蛋、2大匙的砂糖、1大匙的中筋麵粉和125毫升的牛奶，然後倒在蘋果片上，便可取代糖煮蘋果。

TARTE AUX PRUNES
李子塔

Facile 簡單 | Faible 中等預算 | 500 ml 500毫升 | Grande tablée 多人享用 | Sans gluten 無麩質

8人份
製作魔法甜點罐：2分鐘
魔法甜點罐保存：2個月
製作甜點
品嚐當天：15分鐘
烹煮：35分鐘

LE KIT 魔法甜點罐

米粉（Farine de riz）：50克
粗粒玉米粉（Farine de maïs）：80克
玉米澱粉（Fécule de maïs）：70克

LES INGRÉDIENTS À AJOUTER 添加食材

奶油：100克
蛋：1顆
李子（Prune）：1公斤
即食粗粒玉米粉（Polenta précuite）：2大匙
黃砂糖（二砂）：80克
巴薩米克醋（Vinaigre balsamique）：2小匙
麵粉：適量（工作檯用）

Rosé du Roussillon
魯西雍粉紅酒

1 提前製作魔法甜點罐
在廣口玻璃瓶中分層倒入所有魔法甜點罐材料，加以密封。貼上標籤，並標出配方名稱，以及製作日期。

2 品嚐當天的準備
清洗李子。切半，去核後放入深缽盆中。加入糖和醋，混合後保存在陰涼處。

3 組裝
在另一個深缽盆中倒入魔法甜點罐材料。加入奶油並混合。加蛋，揉捏至形成麵團（如有需要，可加入極少量的水）。在工作檯上撒上麵粉，用擀麵棍將麵團擀平，然後鋪在直徑28公分的塔模底部。撒上即食粗粒玉米粉。擺上2準備好的水果，李子圓弧面朝上。

4 烹調與擺盤
將烤箱預熱至180°C（熱度6）。烤35分鐘。在微溫或放涼時品嚐。

您知道嗎？
在塔底撒上即食粗粒玉米粉有助於吸收水果的湯汁，以避免塔皮浸濕影響口感。

Pâte sans gluten

PAIN D'ÉPICE
香料麵包

Facile 簡單 | Moyen 中等預算 |  500 ml 500毫升 | Végétalien 素食 | Grande tablée 多人享用

8人份

製作魔法甜點罐：2分鐘

魔法甜點罐保存：2個月

製作甜點

品嚐當天：10分鐘

烹煮：50分鐘至1小時

LE KIT 魔法甜點罐

裸麥粉（Farine de seigle）：125克

單粒小麥粉（petit épeautre）或全麥麵粉：125克

香料麵包用香料（Épices pour pain d'épice）：2小匙

食用小蘇打粉（Bicarbonate alimentaire）：2小匙

LES INGRÉDIENTS À AJOUTER 添加食材

液狀蜂蜜（Miel liquide）：250克

Macvin du Jura
汝拉香甜酒

1 提前製作魔法甜點罐

在廣口玻璃瓶中倒入魔法甜點罐材料，加以密封。貼上標籤，並標出配方名稱，以及製作日期。

2 品嚐當天蜂蜜糖漿的製作

在小型的平底深鍋中，將蜂蜜和200毫升的水（份量外）煮至微溫。

3 組裝

在深缽盆中倒入魔法甜點罐材料。加入蜂蜜糖漿，攪拌至沒有結塊的麵糊即可。

4 烹調與擺盤

將烤箱預熱至160℃（熱度5-6）。將麵糊倒入鋪有烤盤紙的磅蛋糕模（moule à cake）中。烤50分鐘至1小時：用刀尖插入蛋糕，抽出時刀身必須沒有麵糊沾黏。放至微溫時脫模。

美味永遠不嫌多 ...

為了增加獨特性並散發出橙香，可在麵糊裡加入糖漬柳橙小丁或幾大匙的柑橘柳橙果醬（marmelade d'orange amère）。

GÂTEAU À L'HUILE D'OLIVE

橄欖油蛋糕

Facile 簡單　Faible 低預算

750 ml 750毫升

Grande tablée 多人享用

8人份
製作魔法甜點罐：2分鐘
魔法甜點罐保存：2個月
製作甜點
品嚐當天：5分鐘
烹煮：30分鐘

LE KIT 魔法甜點罐

黃砂糖（二砂）：180克
中筋麵粉：250克
泡打粉（Poudre à lever）：2小匙
鹽：1/2小匙

LES INGRÉDIENTS À AJOUTER 添加食材

優格：1罐（約125g）
蛋：3顆
橄欖油（Huile d'olive）：100毫升
奶油：適量（模型用）

Lait
牛奶

1 提前製作魔法甜點罐
用漏斗在廣口玻璃瓶中分層倒入所有魔法甜點罐材料，加以密封。但若想要使香氣更加濃郁，請毫不猶豫地將材料先倒入容器中充分攪拌均勻。接著再倒入魔法甜點罐內，加以密封。貼上標籤，並標出配方名稱，以及製作日期。

2 品嚐當天的混合
在深缽盆中倒入魔法甜點罐材料。加入油、優格和攪打均勻的蛋液，接著攪拌至形成均勻平滑的麵糊。

3 烹調與擺盤
將烤箱預熱至180°C（熱度6）。將麵糊倒入直徑28公分並事先塗好奶油的圓形蛋糕模中。烤約30分鐘：用刀尖插入蛋糕，抽出時刀身必須沒有麵糊沾黏。放涼15分鐘至室溫，接著脫模。

各種口味的蛋糕 ...
可依個人喜好在這道蛋糕中加入香料、橙花水或蘭姆酒、柑橘類水果汁和果皮、芝麻或罌粟籽（如右方成品照片）、巧克力豆、小塊新鮮水果 ... 亦可混用不同的麵粉來增加口感：單粒小麥、二粒小麥、蕎麥、燕麥、米粉 ...
偏好切片蛋糕嗎？請使用磅蛋糕模，並將烘烤時間再延長10分鐘左右。

FONDANT AU CHOCOLAT
熔岩巧克力蛋糕

Facile
簡單

Faible
中等預算

500 ml
500毫升

6人份
製作魔法甜點罐：2分鐘
魔法甜點罐保存：2個月
製作甜點
品嚐當天：5分鐘
烹煮：20分鐘

LE KIT 魔法甜點罐

黑巧克力豆：125克
黃砂糖（二砂）：100克
中筋麵粉：50克
鹽：1撮

LES INGRÉDIENTS À AJOUTER 添加食材

奶油：110克＋適量（模型用）
蛋：3顆

Vin doux naturel Maury
莫里天然甜葡萄酒

1 **提前製作魔法甜點罐**
用漏斗在廣口玻璃瓶中分層倒入所有魔法甜點罐材料，加以密封。貼上標籤，並標出配方名稱，以及製作日期。

2 **品嚐當天的準備與組裝**
在平底深鍋中將奶油加熱至融化。在深缽盆中倒入魔法甜點罐材料，用木匙攪拌。加入融化的奶油並再度攪拌均勻。混入蛋，用力攪打至形成平滑的麵糊。

3 **烹調與擺盤**
將烤箱預熱至180℃（熱度6）。將麵糊倒入邊長18公分並事先塗好奶油的方形模中。烤20分鐘。放涼至室溫後脫模。

更美味的搭配
可用英式奶油醬（crème anglaise）來搭配您的熔岩蛋糕！在平底深鍋中將500毫升的牛奶煮沸。將3顆蛋的蛋白與蛋黃分開。在深缽盆中攪打蛋黃和50克的砂糖，直到混合物泛白。緩緩加入煮沸的牛奶，一邊攪拌，再倒回平底深鍋中，以小火煮奶油醬，不停攪拌，直到奶油醬變得濃稠。放涼後淋在熔岩巧克力蛋糕上享用。

fondant au

MOELLEUX AU CITRON
檸檬軟心蛋糕

 Moyenne 中等難度

 Moyen 中等預算

 500 ml 500毫升

 Léger 輕食

6人份
製作魔法甜點罐：2分鐘
魔法甜點罐保存：1個月
製作甜點
品嚐當天：15分鐘
烹煮：25分鐘

LE KIT 魔法甜點罐

黃砂糖（二砂）：100克
杏仁粉：50克
中筋麵粉：50克
泡打粉：1小匙

LES INGRÉDIENTS À AJOUTER 添加食材

奶油：80克＋適量（模型用）
蛋：4顆
有機黃檸檬（Citron bio）：1顆
糖粉（Sucre glace）：2大匙

 Limoncello
檸檬甜酒

1 提前製作魔法甜點罐
用漏斗在廣口玻璃瓶中分層倒入所有魔法甜點罐材料，加以密封。貼上標籤，並標出配方名稱，以及製作日期。

2 品嚐當天的準備
在平底深鍋中將奶油加熱至融化。清洗黃檸檬並擦乾。用細孔檸檬刨刀將檸檬皮刨碎，接著榨汁。保留果皮和果汁。將蛋白與蛋黃分開。將蛋白打至以打蛋器打發至舀起尖端不下垂的硬性發泡狀蛋白霜。

3 組裝
在深缽盆中倒入魔法甜點罐材料，加以攪拌。加入融化的奶油、蛋黃、檸檬皮和檸檬汁，接著攪拌至形成均勻的麵糊。用打蛋器混入1/4的蛋白霜，混合至麵糊變得平滑，接著加入剩餘的蛋白霜，改用橡皮刮刀輕輕攪拌至蛋白霜完全混入麵糊中。

4 烹調
將烤箱預熱至170℃（熱度5-6）。將麵糊倒入直徑20公分並事先塗好奶油的圓形蛋糕模中。烤約25分鐘。確認熟度：用刀尖插入蛋糕，抽出時刀身必須不沾黏麵糊。出爐後，將蛋糕靜置至完全冷卻。

5 擺盤
當蛋糕冷卻時輕輕脫模，然後擺在餐盤上。用小型濾器（passoire）撒上糖粉並品嚐。

若要使用果皮，請選擇有機柑橘類！
當我們要使用檸檬、柳橙、佛手柑（bergamote）或葡萄柚的果皮時，購買有機栽培（或未經加工處理）的柑橘類水果極其重要，以免將集中在水果表面的殺蟲劑給吃下肚。也別忘了用水刷洗乾淨！

CARROT CAKE
胡蘿蔔蛋糕

Facile
簡單

Faible
中等預算

750 ml
750毫升

Grande tablée
多人享用

8人份
製作魔法甜點罐：5分鐘
魔法甜點罐保存：3個月
製作甜點
品嚐當天：10分鐘
烹煮：45分鐘

LE KIT **魔法甜點罐**

黃砂糖（二砂）：250克
全麥麵粉：250克
泡打粉：2小匙
肉桂粉：2小匙
薑粉：1小匙
肉荳蔻粉（Noix de muscade en poudre）：1/4小匙
鹽：1/2小匙

LES INGRÉDIENTS
À AJOUTER **添加食材**

蛋：3顆
胡蘿蔔：250克
橄欖油：100毫升
奶油：適量（模型用）

Jurançon
瑞朗松葡萄酒

1 提前製作魔法甜點罐
用漏斗在廣口玻璃瓶中分層倒入所有魔法甜點罐材料，加以密封。貼上標籤，並標出配方名稱，以及製作日期。

2 品嚐當天的準備
將胡蘿蔔削皮並刨成絲，預留備用。

3 組裝
在深缽盆中混合蛋和油。加入胡蘿蔔絲，再度攪拌。混合所有材料至均勻，但不要過度攪拌麵糊。

4 烹調與擺盤
將烤箱預熱至170°C（熱度5-6）。將麵糊倒入直徑22公分並事先塗好奶油的圓形蛋糕模中。烤約45分鐘：用刀尖插入蛋糕，抽出時刀身必須不沾黏麵糊。15分鐘後脫模並品嚐。

若要增加更多層次…
…可為胡蘿蔔蛋糕搭上以新鮮乳酪（fromage frais）製成的美味佐醬。在容器中混合塗抹麵包用的原味新鮮乳酪、滿滿1大匙的黃檸檬汁和2大匙的糖粉。用抹刀將這乳酪醬鋪在冷卻的蛋糕上。

Carrot Cake

MUG CAKE
馬克杯蛋糕

Facile 簡單　Faible 低預算　324 ml 324毫升　Express 快速

1人份
製作魔法甜點罐：2分鐘
魔法甜點罐保存：2個月
製作甜點
品嚐當天：2分鐘
烹煮：20分鐘
（或微波1分30秒）

LE KIT 魔法甜點罐

黑糖（Sucre de canne complet）：2大匙
五穀粉（Farine complète cinq céréales）：6大匙
薑粉：1/4小匙
泡打粉：1/2小匙

LES INGRÉDIENTS À AJOUTER 添加食材

蛋：1顆
糖煮蘋果：3大匙
橄欖油：1大匙

Thé noir
紅茶

1 提前製作魔法甜點罐
在容器中倒入魔法甜點罐材料並加以混合。用漏斗倒入罐中，加以密封。貼上標籤，並標出配方名稱，以及製作日期。

2 品嚐當天的混合
在罐中加入油、糖煮蘋果和蛋，接著充分混合至形成均勻的麵糊。

3 烹調
在平底深鍋中將3公分深的水煮沸。麵糊倒入馬克杯中，將馬克杯放入平底深鍋裡並加蓋。蒸20分鐘，持續保持沸騰，但不要掀蓋。確認熟度：用刀尖插入蛋糕中央，抽出時刀身必須不沾黏麵糊。您也能以最高功率將裝好麵糊的馬克杯微波1分30秒即可。

4 擺盤
將馬克杯蛋糕從平底深鍋中取出，用小湯匙品嚐，但小心別燙著！

想雙人共享？
將魔法甜點罐倒入容器中，加入油、糖煮蘋果和蛋，接著混合至形成均勻的麵糊。將麵糊倒入較小的2個馬克杯中，並將烹煮時間減少幾分鐘。

6
mug cake

SABLÉS TOUT NOIRS
黑巧克力酥餅

Facile 簡單　Faible 低預算　500 ml 500毫升　Grande tablée 多人享用

70個酥餅
製作魔法甜點罐：2分鐘
魔法甜點罐保存：2個月
製作甜點
品嚐當天：15分鐘
烹煮：15分鐘

LE KIT 魔法甜點罐

無糖可可粉：50克
黃砂糖（二砂）：100克
中筋麵粉：160克
鹽：1/4小匙

LES INGRÉDIENTS À AJOUTER 添加食材

奶油：120克
蛋：1顆
中筋麵粉：適量（工作檯用）

Vin doux naturel de Banyuls
班努斯天然甜酒

1 提前製作魔法甜點罐

用漏斗在廣口玻璃瓶中分層倒入所有魔法甜點罐材料，加以密封。貼上標籤，並標出配方名稱，以及製作日期。

2 品嚐當天的混合

在深缽盆中倒入魔法甜點罐材料，加以攪拌。加入切成小塊的軟化奶油，用指尖磨擦混合。混入打至均勻的蛋液，攪拌至形成均勻的麵團。在工作檯上撒上麵粉，並用擀麵棍將麵團擀成1/2公分的厚度。用小型切割器（emporte-pièce）裁出形狀（圓形、星形和雲朵狀）。擺在鋪有烤盤紙的烤盤上。

3 烹調

將烤箱預熱至180℃（熱度6）。將擺在烤盤上的酥餅烘烤15分鐘。靜置一會兒後，擺在網架上放涼。

4 擺盤

請搭配茴香柳橙沙拉（salade d'orange anisée）享用這些酥餅。

製作茴香柳橙沙拉

在小型平底深鍋中將100毫升的水和100克的砂糖煮沸。煮沸2分鐘後離火，加入1大匙的茴香酒（alcool anisé）後放涼。將6顆柳橙去皮並取出完整的果肉。將果肉1瓣瓣取下，和柳橙剩下的果汁一起保存在深缽盆中。加入茴香酒糖漿，輕輕攪拌。將茴香柳橙沙拉擺在陰涼處，直到享用酥餅的時刻。

SABLE
TOUT NOIR
NOIR
SABLE
IN FRANCE

BÂTONNETS D'ANIS
茴香餅乾棒

Facile
簡單

Faible
低預算

500 ml
500毫升

Plein air
戶外

60根餅乾棒
製作魔法甜點罐：5分鐘
魔法甜點罐保存：3個月
製作甜點
品嚐當天：15分鐘
烹煮：15分鐘

LE KIT 魔法甜點罐

黃砂糖（二砂）：60克
中筋麵粉：250克
泡打粉：1小匙
茴香籽（Graines d'anis vert）：1小匙

LES INGRÉDIENTS À AJOUTER 添加食材

白酒（Vin blanc）：75毫升
橄欖油：100毫升＋適量烤盤用
黃砂糖（二砂）：2大匙

Muscat de Frontignan
芳蒂娜麝香葡萄酒

1 **提前製作魔法甜點罐**
在容器中倒入魔法甜點罐材料並加以混合。用漏斗倒入罐中，加以密封。貼上標籤，並標出配方名稱，以及製作日期。

2 **品嚐當天的混合**
在深缽盆中倒入魔法甜點罐材料。加入白酒和油，接著混合成非常柔軟但不黏的麵團（如有需要，可再加入極少量的酒）。將麵團分成60塊。揉成長約10公分、兩端略尖的長條狀。沾裹上糖，接著擺在二個塗好油的烤盤中。

3 **烹調**
將烤箱預熱至180°C（熱度6）。將擺在烤盤上的餅乾棒烘烤15分鐘。靜置一下再擺在網架上放涼。

4 **擺盤**
可搭配1杯芳蒂娜麝香葡萄酒來享用這些餅乾棒。若沒有吃完，這些餅乾棒在鐵盒中可良好保存數日。

兒童版…
可用香草粉或乾燥黃檸檬皮屑（見16頁）來取代茴香籽。

PETITS COOKIES AUX FLOCONS D'AVOINE ET AUX RAISINS

葡萄乾燕麥小餅乾

Facile 簡單　Faible 低預算　750 ml 750毫升

Plein air 戶外　Cuisine du monde 世界糕點

40塊小餅乾

製作魔法甜點罐：5分鐘

魔法甜點罐保存：3個月

製作甜點

品嚐當天：10分鐘

烹煮：10分鐘

LE KIT 魔法甜點罐

黃砂糖（二砂）：125克

葡萄乾：100克

燕麥片（Flocons d'avoine）：110克

中筋麵粉：115克

泡打粉：1/2小匙

鹽：1撮

LES INGRÉDIENTS À AJOUTER 添加食材

奶油：100克

蛋：1顆

Thé Darjeeling
大吉嶺紅茶

1 **提前製作魔法甜點罐**

用漏斗在廣口玻璃瓶中分層倒入所有魔法甜點罐材料，加以密封。貼上標籤，並標出配方名稱，以及製作日期。

2 **品嚐當天的混合**

在深缽盆中倒入魔法甜點罐材料。加入切成小塊的軟化奶油和蛋，接著混合至形成均勻的麵團。揉成40顆球（1顆約小核桃的大小），稍微壓平，擺在鋪有烤盤紙的二個烤盤上。

3 **烹調與擺盤**

將烤箱預熱至200°C（熱度6-7）。將擺在烤盤上的餅乾烤10分鐘。靜置一下再擺在網架上放涼。

專家建議！

熱的餅乾出爐時必須是軟的。若過度烘烤，您的餅乾會太乾：手工餅乾若喪失柔軟的質地就太可惜了！

COOKIES

MUFFINS DE PETIT ÉPEAUTRE AUX FRUITS
單粒小麥水果瑪芬

Moyenne
簡單

Faible
低預算

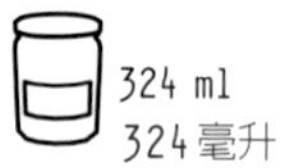
324 ml
324毫升

6個瑪芬
或20個迷你瑪芬
製作魔法甜點罐：2分鐘
魔法甜點罐保存：3個月
製作甜點
品嚐當天：10分鐘
烹煮：25分鐘

LE KIT 魔法甜點罐

黃砂糖（二砂）：60克
單粒小麥（斯佩爾特小麥）麵粉：125克
泡打粉：1小匙
鹽：1撮

LES INGRÉDIENTS À AJOUTER 添加食材

牛奶：100毫升
奶油：40克＋適量模型用（隨意）
蛋：1顆
水果：75克
糖：1大匙（隨意）

Thé aromatisé aux fruits
水果風味茶

1 提前製作魔法甜點罐

用漏斗在廣口玻璃瓶中分層倒入所有魔法甜點罐材料，加以密封。貼上標籤，並標出配方名稱，以及製作日期。

2 品嚐當天的準備

清洗水果並切成小塊。

3 組裝

在小型的平底深鍋中，將奶油加熱至融化。在容器中攪打蛋、牛奶和融化的奶油。在深缽盆中，倒入魔法甜點罐材料並混合。加入混合好的液狀材料，攪拌至與麵糊正好完全混合。在瑪芬模（moule à muffins）中塗上奶油防沾，或是鋪上小紙模（caissette en papier）。將麵糊倒入至瑪芬模高度的2/3。擺上水果塊，並讓水果沉在麵糊中。也可以在表面撒上糖。

4 烹調與擺盤

將烤箱預熱至200℃（熱度6-7）。將瑪芬蛋糕烘烤25分鐘（迷你瑪芬則縮短10分鐘）。確認烘烤程度：用竹籤的尖端插入，抽出時必須不沾黏麵糊。將瑪芬蛋糕放至微溫後脫模。

各季水果

秋冬時，可將蘋果、洋梨或香蕉切成小丁。春季時，可將草莓或櫻桃切塊。夏季呢？可將杏桃、油桃、黃香李（mirabelle）或紫香李（quetsche）切塊加入。

PETITES VISITANDINES
小修女餅

Facile
簡單

Faible
低預算

324 ml
324毫升

Léger
輕食

60塊小修女餅
製作魔法甜點罐：2分鐘
魔法甜點罐保存：1個月
製作甜點
品嚐當天：10分鐘
烹煮：15分鐘

LE KIT **魔法甜點罐**

黃砂糖（二砂）：75克
杏仁粉：50克
中筋麵粉：50克

LES INGRÉDIENTS
À AJOUTER **添加食材**

奶油：50克＋適量模型用
蛋：蛋白2個

Blanquette de Limoux
利慕布朗卡特氣泡酒

1 提前製作魔法甜點罐
用漏斗在廣口玻璃瓶中分層倒入所有魔法甜點罐材料，加以密封。貼上標籤，並標出配方名稱，以及製作日期。

2 品嚐當天的混合
在小型的平底深鍋中，將奶油加熱至融化。在容器中將蛋白以打蛋器打成泡沫狀。在深缽盆中，倒入魔法甜點罐材料並混合。在中央挖出1個凹槽，倒入融化的奶油並混合。再用橡皮刮刀輕輕混入打成泡沫狀的蛋白至成均勻的麵糊。

3 烹調與擺盤
將烤箱預熱至180°C（熱度6）。將麵糊分裝至塗上奶油的費南雪蛋糕模（moule à financier）中。烤15分鐘。放涼一會兒後脫模。

美味訣竅
若您沒有杏仁粉，請用食物調理機將整顆的杏仁盡可能打至最細。

Petites
Visitandines

QUAI SUD
PRODUITS GOURMETS
PRÉPARATION POUR
BROWNIES
[CHOCOLAT-NOISETTE]

BROWNIES
布朗尼

4至5人份
（即195克的魔法甜點罐1份）
製作魔法甜點罐：5分鐘
魔法甜點罐保存：3個月
製作甜點
品嚐當天：5分鐘
烹煮：25分鐘

LE KIT 魔法甜點罐

中筋麵粉：30克
黃砂糖（二砂）：100克
榛果粗粒：50克
泡打粉（Levure chimique）：1包（約11克）
香草莢（Gousse de vanille）：1根

LES INGRÉDIENTS À AJOUTER 添加食材

奶油：90克
蛋：2顆
烘焙用黑巧克力（Chocolat noir dessert）：150克

1 提前製作魔法甜點罐
將香草莢從長邊剖半，用刀尖刮取內部的香草籽。在深缽盆中倒入糖、麵粉和泡打粉。加入榛果粗粒和香草籽。混合後倒入魔法甜點罐中。在標籤上註明配方名稱和製作日期，接著保存在乾燥處，直到品嚐當天。

2 品嚐當天的混合與烹調
將烤箱預熱至180°C（熱度6）。將魔法甜點罐材料倒入深缽盆中。加入蛋並加以攪拌。在平底深鍋中，將巧克力切碎，和奶油一起隔水加熱至融化。將融化的巧克力倒入混合好材料和蛋的深缽盆中，接著攪拌至形成均勻的麵糊。倒入小的長方形模（15×25公分）中，烤約20分鐘，留意烘烤狀況。

3 擺盤
將布朗尼從烤箱中取出，放至微溫。將布朗尼切成方塊狀後品嚐。

QUAI SUD 南方碼頭
www.quaisud.com
南方碼頭公司自2002年開始在法國的高級食品雜貨店中嶄露頭角。這家以普羅旺斯（Provence）為據點的小型企業，以其美食產品與設計聞名，讓人在滿足味蕾之前就先大飽眼福：蛋糕的備料、糕點的裝飾，以及麵包醬（pâtes à tartiner）、沖泡飲品（infusion）、調和蘭姆酒（rhum arrangé）和雞尾酒材料等。

Joy Cooking

我的魔法甜點罐 mes desserts en kit
作　者 / 席琳‧蒙納堤耶 CÉLINE MENNETRIER
出版者 / 出版菊文化事業有限公司 P.C. Publishing Co.
發行人 / 趙天德
總編輯 / 車東蔚
翻　譯 / 林惠敏
文 編‧校 對 / 編輯部　美　編 / R.C. Work Shop
地址 / 台北市雨聲街77號1樓
TEL / (02)2838-7996　FAX / (02)2836-0028
初版日期 / 2016年6月
定　價 / 新台幣 280元
ISBN / 9789866210433
書　號 / J116

讀者專線 / (02)2836-0069
www.ecook.com.tw
E-mail / service@ecook.com.tw
劃撥帳號 / 19260956大境文化事業有限公司

熱衷於烹飪的**席琳‧蒙納堤耶CÉLINE MENNETRIER**是報章雜誌、通訊社和品牌的自由料理作家兼編輯。總是默默留意著「小確幸」趨勢的她，也經營部落格artichautetcerisenoire.fr

我的魔法甜點罐 mes desserts en kit
席琳‧蒙納堤耶 CÉLINE MENNETRIER 著：-- 初版 -- 臺北市
出版菊文化，2016[民105] 64面；19×26公分 .
(Joy Cooking：J116)
ISBN 9789866210433
1. 點心食譜　427.16　105008656